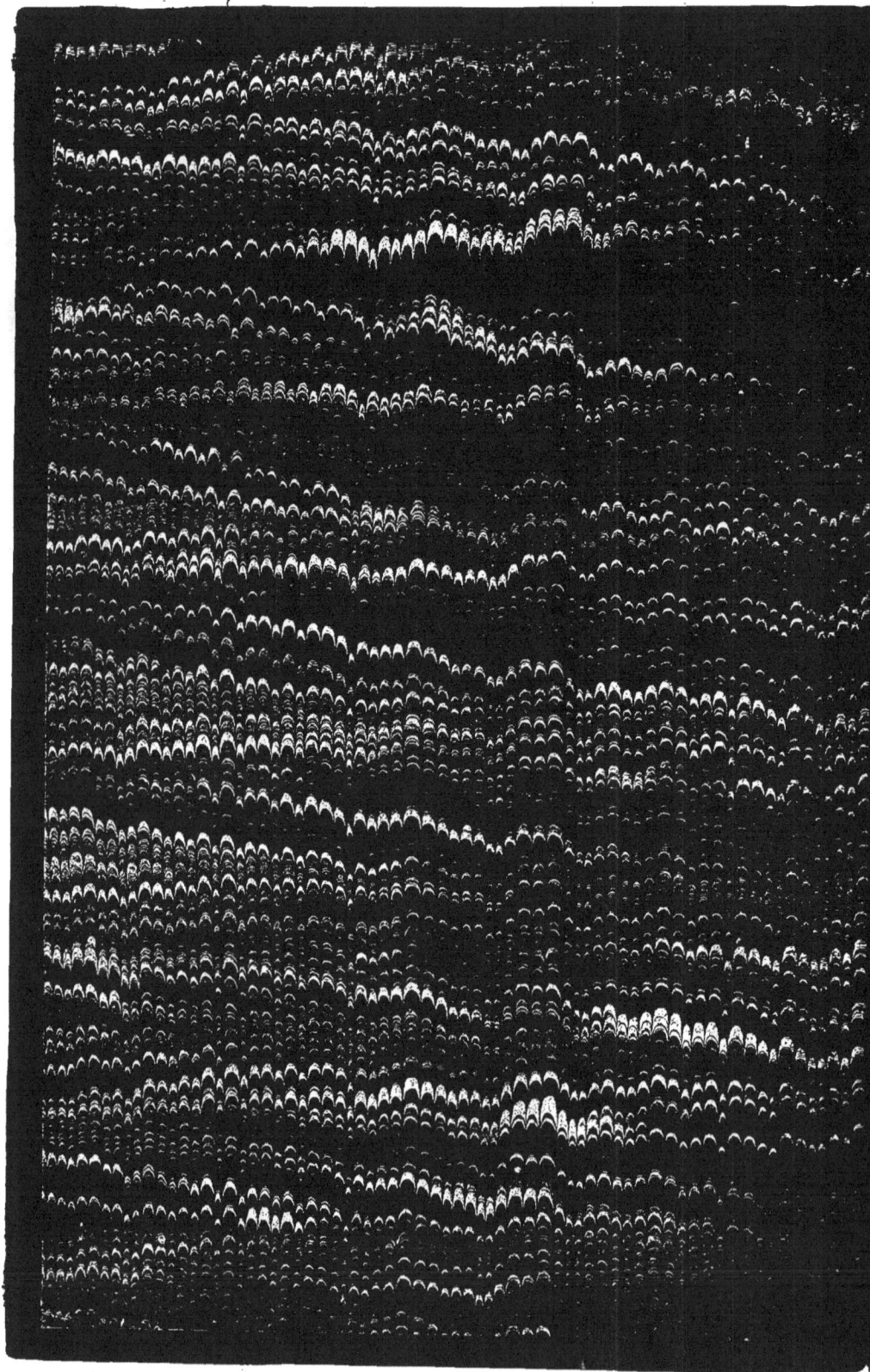

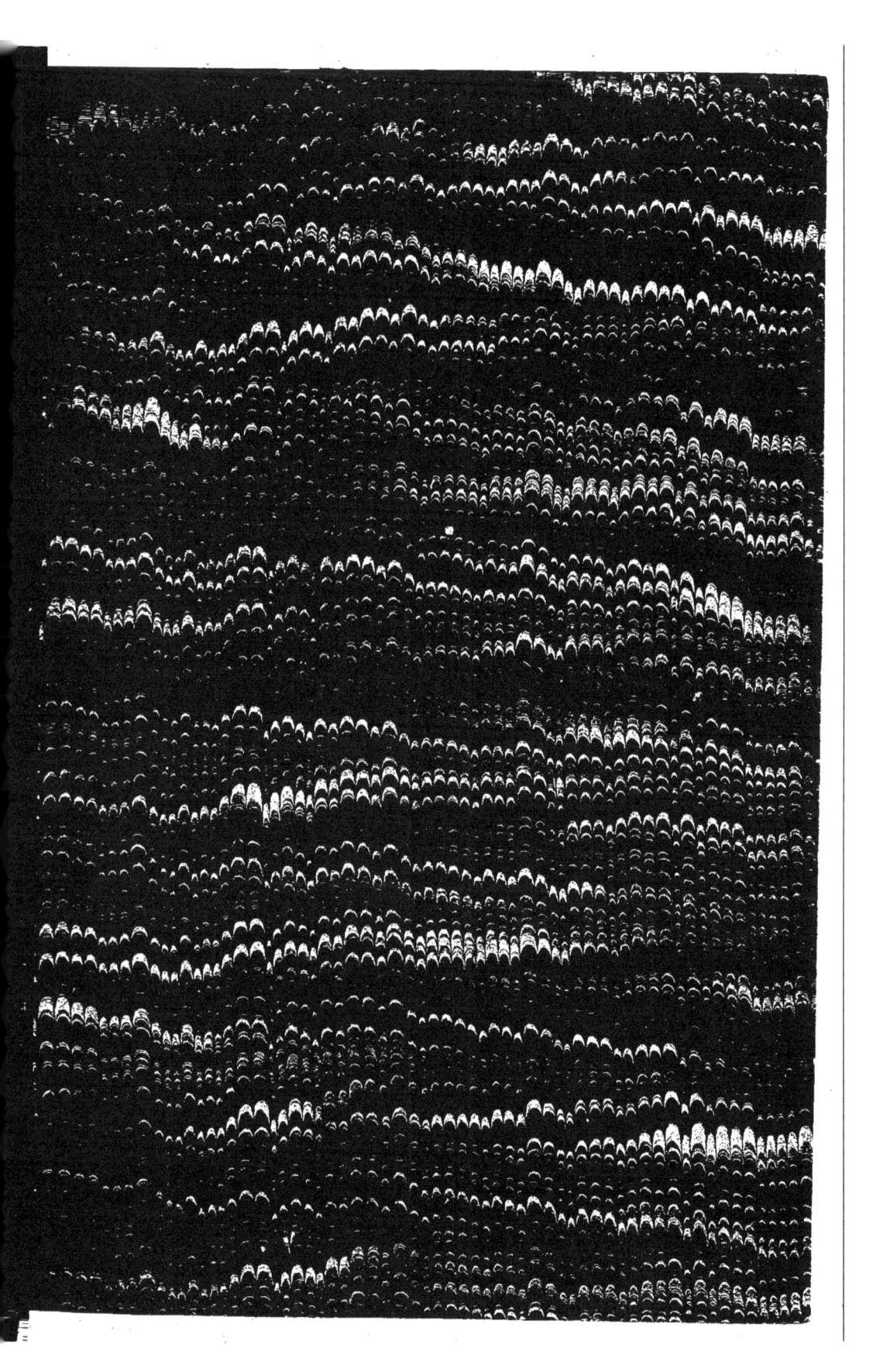

NOUVELLE

ICONOGRAPHIE DES CAMELLIAS.

Imp. de C. Annoot-Braeckman.

NOUVELLE ICONOGRAPHIE

DES CAMELLIAS

CONTENANT

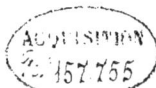

LES FIGURES ET LA DESCRIPTION

DES PLUS RARES, DES PLUS NOUVELLES ET DES PLUS BELLES

VARIÉTÉS DE CE GENRE.

TOME I. — 1848-1849.

GAND,

CHEZ L'ÉDITEUR ALEXANDRE VERSCHAFFELT,

HORTICULTEUR, RUE DU CHAUME, 30.

Camellia Bride.

CAMELLIA

DRIDE.

Vers la fin de 1847, nous reçumes ce joli Camellia d'un de nos correspondants d'Italie.

Il vient de fleurir pour la première fois dans notre établissement, et nous nous sommes empressés d'en faire exécuter la figure ci-contre.

Par sa forme, ce Camellia rentre dans la catégorie des Camellias à fleurs régulières, imbriquées et striées; il se distingue assez nettement des variétés déjà connues et figurées dans ce recueil, et mérite d'occuper une place dans toute collection choisie.

Ainsi, par exemple, il diffère du Camellia *Verschaffeltiana* par ses feuilles ovales-oblongues, moins grandes et plus fortement dentées; par sa fleur d'un rose plus pâle, composée de pétales aigus et non arrondis, comme dans ce dernier.

Ce Camellia, quoique tout nouvellement introduit, se trouve déjà disponible chez les principaux horticulteurs de Gand.

Camellia Grétry.

Publié par A. Verschaffelt.

Dess. et Imp. par G. Severeyns.

CAMELLIA

GRÉTRY.

Cette élégante variété est d'origine belge. C'est à Mʳ Emile Defresne, secrétaire de la société d'horticulture de Liége, l'un des botanistes-cultivateurs les plus distingués de ce pays, que nous le devons. Il l'a obtenu sur un individu de Camellia *Derbyana*, fécondé par une autre variété, dont le nom lui est échappé. Après l'avoir vu fleurir à plusieurs reprises dans sa collection, M. Defresne en a cédé toute l'édition à notre collègue, Mʳ Jacob-Makoy, de Liége, qui a propagé cette variété, et l'a mise en souscription en 1847. Le dessin que nous en produisons ci-contre, a été fait d'après un pied qui vient de fleurir dans l'établissement de Mʳ J.-B. De Saegher, de Gand.

Le nom donné par M. Defresne à son Camellia, nous rappelle un des plus illustres compositeurs de musique de la Belgique, que la ville de Liége est fière, à si juste titre, d'avoir vu naître dans son sein.

On sait que le cœur de Grétry, légué par lui à sa ville natale, fut solennellement déposé dans le socle de la statue en bronze, que la ville de Liége lui érigea en 1842.

Ce Camellia est d'une végétation vigoureuse, ses branches sont fortes et bien garnies de feuilles ovales-allongées, légèrement pointues, très-luisantes et finement dentées. La fleur, qui mesure huit à neuf centimètres de diamètre, est très régulière, imbriquée, d'un rouge foncé, à pétales arrondis diminuant d'ampleur au fur et à mesure qu'ils se rapprochent du centre, où ils deviennent ovales et parfois un peu aigus.

Camellia alba illustrata.

CAMELLIA

ALBA ILLUSTRATA.

Ce Camellia est sans contredit l'une des plus belles variétés obtenues dans ces dernières années ; introduit vers la fin de 1845 d'Angleterre, où il a été obtenu par Mr Shirving, de Walton, près de Liverpool ; il a fleuri à différentes reprises dans l'établissement de M. Louis Verschaffelt, horticulteur à Roygem, lez-Gand, et c'est d'après l'un des individus qu'il possède, qu'a été fait le beau dessin que nous en donnons ci-contre.

On trouve aussi dans quelques catalogues la même variété sous le nom de *Waltonensis*, ou de *Shirving's Seedling*.

Le bois de ce Camellia, comme l'est du reste celui de toutes les variétés à fleurs blanches, est d'un brun très-pâle. L'arbre pousse des branches vigoureuses, qui se garnissent de feuilles grandes, ovales-arrondies, légèrement pointues, très-planes, d'un vert foncé et luisant, à nervures fines, à dents très-nombreuses et petites. Le bouton en est gros, arrondi, verdâtre. La fleur qui surpasse en grandeur celle du Camellia *double blanc*, universellement connu par sa beauté et sa forme gracieuse, est du blanc le plus pur ; elle est imbriquée avec une admirable régularité, et mesure dix à onze centimètres de diamètre. Les pétales en sont très-grands, arrondis et légèrement échancrés à leur sommet ; ils diminuent de grandeur au fur et à mesure qu'ils approchent du centre, où par l'ombre qu'ils projettent les uns sur les autres, ils donnent à la fleur une légère teinte jaunâtre, qui en rehausse encore la beauté.

Camellia Napoléon d'Italie.

CAMELLIA

NAPOLÉON D'ITALIE.

~~~~~~~~~~

Nous avons reçu en 1847 de nos correspondants, MM. Burnier et Grilli, horticulteurs à Florence, ce magnifique Camellia, qui, jusqu'à présent, a peu de rivaux et par sa forme gracieuse et par la diversité de son coloris. Cette plante vient de fleurir pour la première fois dans notre établissement, et le dessin que nous en produisons ci-contre est dû au pinceau fidèle de Mr Bernard-Léon.

Il ne faut pas confondre cette variété avec une autre, connue également dans les collections, sous le nom de Camellia *Napoléon*, et qui a été obtenue en Belgique, il y a quelques années, par Mr Defresne, de Liége: Celle-ci a des fleurs d'un carmin vif, quelquefois strié, ses pétales sont imbriqués à la circonférence et pæoniformes au centre; la variété italienne se fait remarquer par ses feuilles grandes, robustes, très-luisantes, ovales-allongées, pointues, très-régulièrement dentées et à nervures peu saillantes. Le bouton en est gros, arrondi, et à écailles brunâtres. La fleur, qui ne mesure pas moins de neuf à dix centimètres de diamètre est des plus remarquables. Les pétales en sont nombreux, d'une imbrication parfaite et d'un rouge clair, nuancé d'un rouge plus foncé, veiné et marbré de blanc; une petite strie ou tache blanche se remarque sur le sommet de chaque pétale et se perd vers le milieu, disposition qui donne une grande élégance à la fleur.

Camellia Jacksonii.

CAMELLIA

JACKSONII.

Cette plante sera regardée, nous l'espérons, par tous les connaisseurs, comme une des plus belles variétés obtenues de semis dans ces dernières années. Nous en devons la communication à M. Jackson, horticulteur à Kingston (Angleterre), qui la trouva par hasard dans un lot de Camellias, issus de graines, qu'il acheta, il y a quelque temps, en Écosse. D'après la belle figure qu'il en fit faire lorsque la plante-mère fleurit pour la première fois et dont il voulut bien nous envoyer une copie, et surtout d'après une fleur vivante qui l'accompagnait, nous jugeâmes qu'elle méritait d'être introduite sans retard dans nos collections, et malgré le prix élevé auquel l'évaluait notre correspondant, nous n'hésitâmes pas à faire l'acquisition de l'édition totale, pour en être le seul possesseur. Nous comptons donc la mettre dans le commerce pendant le courant de l'été prochain (1850).

Nous lui donnons tout naturellement le nom de l'horticulteur à qui nous la devons.

Ce Camellia, par sa végétation vigoureuse, se distingue de la plupart de ses congénères; ses feuilles amples et robustes mesurent neuf à dix centimètres de long sur sept à huit de large; elle sont d'un vert foncé et luisant, à nervures peu prononcées et à dents grandes et distantes. Sa fleur est d'une imbrication des plus régulières, à pétales nombreux, arrondis, d'un rouge carminé vif, traversé au milieu du limbe d'une large bande blanche.

A compter du mois de mars (1849), nous ouvrons chez nous une liste de souscription. Nous nous sommes décidés à maintenir les mêmes prix auxquels M. Jackson avait l'intention de vendre ses plantes, comprises dans les deux catégories suivantes :

Plantes de 15 à 25 centimètres de hauteur, 75 francs.

Plantes de 35 à 50 centimètres de hauteur, 125 francs.

Camellia Carswelliana alba.

CAMELLIA

CARSWELLIANA ALBA.

Nous avons reçu, il y a cinq à six ans, cette variété de M. Gruneberg, de Francfort. Elle a fleuri maintes fois dans notre établissement, et c'est d'après un individu cultivé par nous, qu'a été fait le dessin que nous en donnons ici.

L'arbrisseau pousse avec vigueur et donne des branches allongées, garnies de feuilles nombreuses, longues de neuf à dix centimètres sur sept à huit de large; elles sont ovales-arrondies, épaisses, d'un vert très-foncé, largement dentées, et à nervures peu saillantes. La fleur en est très-belle, et mesure ordinairement neuf centimètres de diamètre; elle est pleine, à fond blanc, nettement nuancée et striée d'un rose vif ou quelquefois tendre. Les pétales sont nombreux, régulièrement imbriqués, arrondis ou légèrement échancrés au sommet, diminuant de grandeur au fur et à mesure qu'ils se rapprochent du centre.

Ce Camellia est encore connu dans quelques collections sous le nom de *Tumida*.

Camellia Grand Duc Constantin.

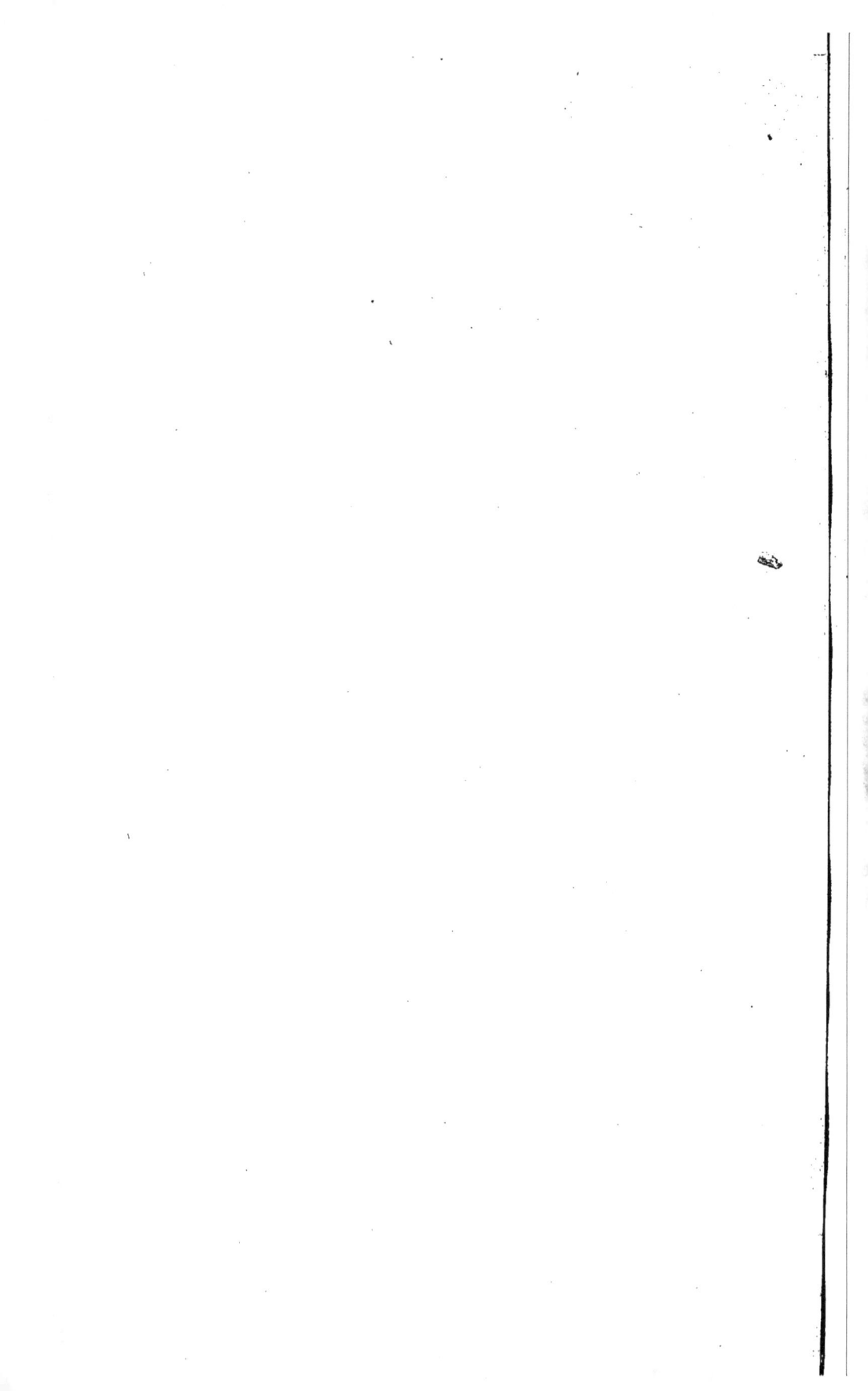

CAMELLIA

GRAND DUC CONSTANTIN.

Ce Camellia a été remarqué l'année dernière dans les serres de M. Calewaert-Vermeulen, de Courtrai, où il fleurit sur une branche du Camellia *Pirzio*. Cet amateur distingué, s'est empressé de greffer cette variété, et il vient de nous en céder toute l'édition. Le dessin que nous en reproduisons ici est fait d'après un jeune individu qui vient de fleurir dans notre établissement, et la fleur s'est montrée exactement semblable à celle qu'avait donnée la branche originaire.

Ce Camellia se fait remarquer par sa belle végétation; les feuilles sont ovales-arrondies, pointues, d'un vert foncé, et ont une dentelure très-régulière. Le bouton en est rond, à écailles blanchâtres. La fleur par sa forme présente l'aspect d'une rose épanouie, et mesure communément un décimètre de diamètre; les pétales extérieurs sont très-amples, assez irrégulièrement placés; ceux du milieu sont inégaux, recoquillés, chiffonnés, et se recouvrent les uns les autres, comme dans une rose cent-feuilles. Autant les variétés à fleurs imbriquées se font admirer par leur régularité, autant celle-ci se distingue par la grâce de sa forme, et l'élégance de son coloris; d'un rose tendre, finement veiné d'un rose plus foncé, laissant vers les côtés des pétales une assez large bordure blanchâtre.

Camellia Mutabilis traversii.

A. Verschaffelt publ.

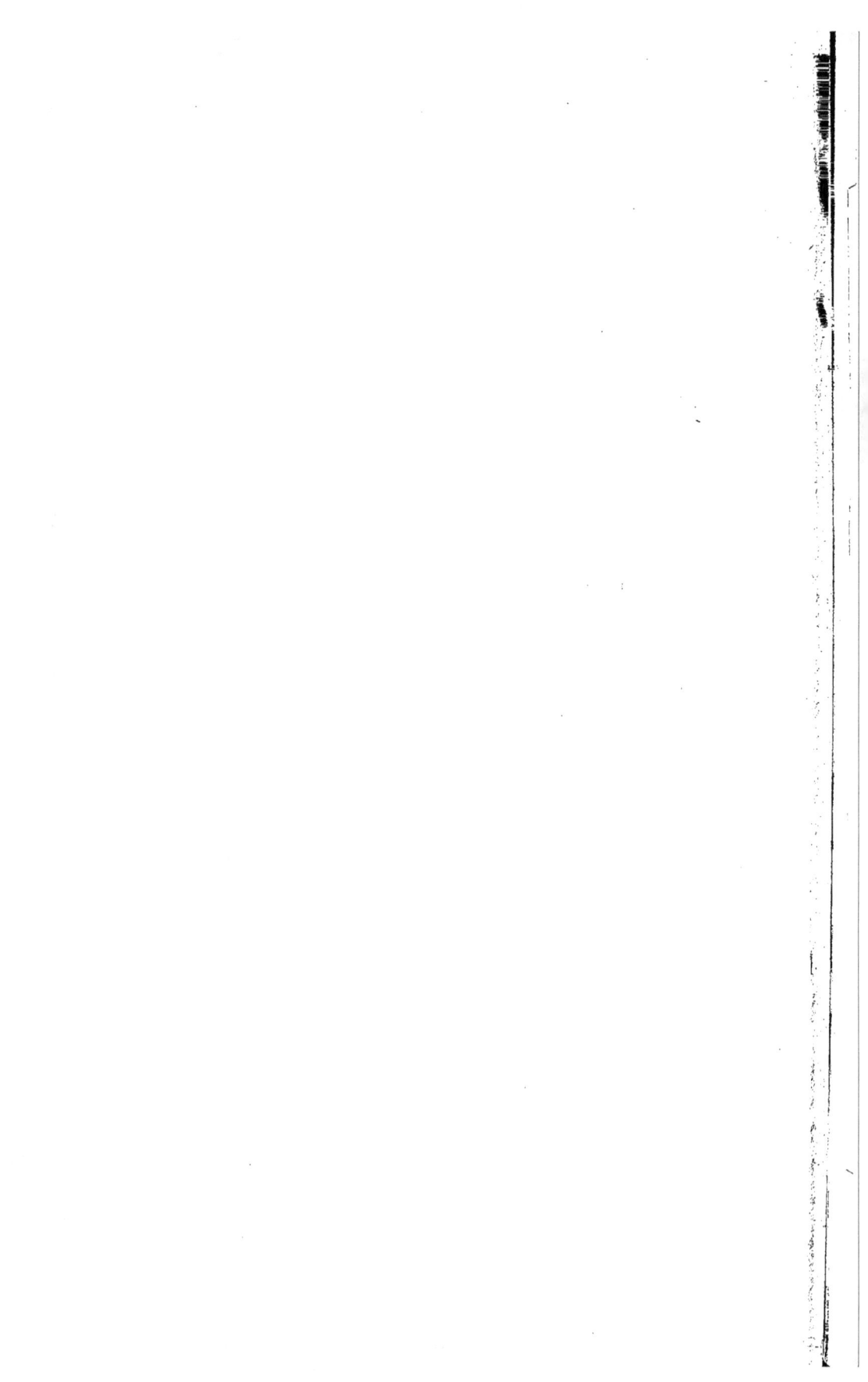

CAMELLIA

MUTABILIS TRAVERSII.

Il est peu d'amateurs qui ne connaissent ce joli Camellia, ou qui ne le possèdent depuis longtemps peut-être dans leurs collections. Cependant, persuadé que notre Iconographie doit embrasser toutes les belles variétés qui peuvent constituer une bonne collection, nous n'avons pas hésité à comprendre celle-ci dans le nombre. Elle existe depuis quelques années dans le commerce, et a fleuri bien de fois dans maints établissements d'horticulture. La figure que nous reproduisons ici, est faite d'après un individu, qui vient de fleurir dans les serres de M. Jean Verschaffelt, horticulteur.

Cette variété forme un arbrisseau vigoureux, à feuilles nombreuses, amples, d'un vert très-foncé, à nervures prononcées et à dents très-fines. La fleur mesure neuf à dix centimètres de diamètre ; elle est parfois entièrement rouge, parfois rouge striée de blanc, très souvent plus ou moins largement panachée de blanc et de rouge ; le blanc occupant le milieu de chaque pétale ; ceux-ci sont régulièrement imbriqués, grands, arrondis, échancrés au sommet, en s'épanouissant ils sont d'un rose plus ou moins vif, qui bientôt passe au rouge que nous avons dit, qui, en vieillissant, se teinte de violet.

C'est chez M. Parthon-De Von, à sa campagne à Berchem, près d'Anvers, que nous avons vu ce Camellia en fleur pour la première fois.

Nous ne connaissons pas exactement son origine, que les uns supposent d'Italie et d'autres de France.

Camellia alba insignis.

CAMELLIA

ALBA INSIGNIS.

La belle figure ci-contre a été exécutée dans notre établissement, ainsi que presque toutes celles que nous donnons dans ce recueil, d'après l'un des individus de cette variété italienne, dont nous sommes les seuls possesseurs. C'est, sans contredit, non-seulement l'une des plus belles variétés de ce genre, mais la plus remarquable parmi les sous-variétés à fleurs blanches, par l'ampleur de ses fleurs, le grand nombre de leurs pétales, l'imbrication parfaite de ceux-ci et leur double forme. Nous disons leur double forme : en effet, les extérieurs sont ovales-arrondis, échancrés, étalés; ceux du centre sont ovales-aigus et largement cucullés; tous d'un blanc pur, relevé au centre d'une douce teinte sulfurine.

On peut juger par l'inspection de notre figure quel charmant effet résulte de ce coloris contrastant avec un sombre feuillage.

Sous le rapport de la vigueur et de la facilité de l'épanouissement de ses boutons, cette variété ne laisse rien à désirer.

Elle est dès maintenant en vente dans notre établissement.

Camellia Cœlestina vera.

CAMELLIA

COELESTINA VERA.

Cette variété d'un coloris si remarquable, est depuis quelques années déjà dans le commerce. Nous l'avons reçue de M. le baron de Pronay, sous le nom ci-dessus, que nous lui avons conservé pour le distinguer d'un autre *C. Cœlestina*, avec lequel il a assez de rapport, et qu'on connaît encore sous les synonymes de *C. Lombardii* et de *C. Hendersonii*.

Ses fleurs larges et bien étoffées (dix centimètres de diamètre au moins), sont d'un rose lilaciné, largement maculé ou réflété de blanc. Les pétales de la circonférence en sont amples, régulièrement imbriqués, légèrement échancrés; vers le centre ils décroissent de grandeur et sont rangés avec moins de régularité, disposition particulière qui donne un certain charme de plus aux fleurs.

L'arbrisseau est aussi vigoureux que florifère; le feuillage en est très ample, épais, largement et régulièrement denté, d'un vert très-foncé.

Camellia Jupiter.

A. Verschaffelt, publ.

CAMELLIA

JUPITER.

Il y a à peu près trois à quatre ans que nous avons reçu ce Camellia d'Italie. Il est non-seulement remarquable par l'imbrication régulière de ses pétales, les macules ou larges stries blanches qui partagent ceux-ci au centre, surtout vers le cœur, mais surtout par les belles veines translucides qui en rendent la surface comme réticulée.

La belle figure ci-contre a été exécutée d'après un individu appartenant à la collection de M. Vervaene, horticulteur, au faubourg de Bruxelles, lez-Gand.

L'abrisseau d'un beau port, dressé, est très-florifère. Ses boutons ouvrent facilement, et ses grandes fleurs de neuf à dix centimètres de diamètre au moins, se détachent par leur riche coloris, cerise-ponceau, maculé et strié de blanc sur le vert foncé de son feuillage. Les pétales en sont nombreux, arrondis, échancrés au sommet, étalés et imbriqués, comme nous l'avons dit, avec régularité. Au centre ils se rapétissent pour former un élégant petit cœur serré.

G. Severeyns, lith. et imp.

Camellia King rosea.

A. Verschaffelt, publ.

el ... ...
aspect ... ...
par ... ...
... longtemps ... ...
... ...
... ...
2. La ... ...
ment de ... ...
d'un ... ...
et bordé ... ...

Nous la ... ...
l'util ... ...

CAMELLIA

KING ROSEA.

Par leurs pétales chiffonnés, inégaux, serrés, formant un gros cœur bien étoffé ; ceux de la circonférence beaucoup plus amples, étalés, les fleurs de cette variété simulent bien une de ces belles pivoines qui font l'ornement de nos jardins. Ils sont d'un rose tendre, largement lavé et bordé de blanc.

Nous la devons à M. Albin Pathé, horticulteur à Gand, qui l'ayant observée sur une branche du *C. King*, s'empressa de la fixer par la greffe et nous en céda depuis l'édition entière.

Elle pousse avec beaucoup de force, et produit de nombreuses fleurs, d'un épanouissement très-facile, et dont le coloris tendre se détache avec vigueur sur le vert sombre de son ample feuillage.

Camellia Normanii.

A. Verschaffelt, publ.

CAMELLIA

NORMANII.

Cette variété, aussi distinguée par son coloris qu'admirable par sa forme, a été obtenue de semis en Angleterre.

L'édition entière étant devenue notre propriété, nous l'avons dédiée à Mr Norman, amateur distingué à Hull, comté d'York, qui cultive les Camellias avec une prédilection toute particulière.

Sous peu de temps, nous serons à même de mettre cette variété dans le commerce. Le dessin que nous en donnons ci-contre est encore dû au pinceau fidèle de M. Bernard-Léon, et a été fait d'après un individu qui vient de fleurir dans notre établissement.

Les feuilles de ce Camellia ont huit à neuf centimètres de long sur cinq à six de large; elles sont d'un vert foncé, ovales allongées, pointues, fortement veinées, à dents fines et nombreuses. La fleur mesure près d'un décimètre en diamètre; sa couleur est d'un rose tendre, nuancé de violet pâle vers la circonférence et de blanc vers le centre, dont les pétales, un peu plus petits, se développent successivement suivant le degré d'épanouissement de la fleur. Tous sont assez profondément échancrés au sommet.

C'est une des plus belles variétés à fleurs roses obtenues jusqu'à ce jour.

Camellia micans.

A. Verschaffelt, publ.

CAMELLIA

MICANS.

Par la régularité de la disposition concentrique de ses pétales, ce Camellia est de premier ordre, et se range naturellement parmi ceux qu'on est convenu de nommer des *Perfections*. Il a été obtenu de graine en Italie et se trouve depuis quelques années déjà dans les collections. Le dessin que nous en produisons ici a été fait d'après un bel individu, provenant des collections de M. Jean Verschaffelt, horticulteur à Gand.

Le port de cette variété est très-gracieux ; elle émet des branches fortes et vigoureuses ; les feuilles en sont d'un vert foncé, luisant, profondément nervées et bordées de dents fines et rapprochées. Le bouton en est moyen, un peu allongé, à écailles brunâtres ; la fleur, quoique très pleine, s'ouvre avec facilité ; son diamètre est communément d'un décimètre ; les pétales, comme nous l'avons dit, imbriqués avec une admirable régularité, sont épais, arrondis, légèrement échancrés au sommet, entièrement d'un rouge cerise foncé. L'ensemble forme une rosace légèrement déprimée au centre, d'un charmant effet et par sa symétrie et par son riche coloris.

L. Vanhoutte publ.

G. Severeyns, del. lith. et imp.

Camellia Emiliana alba.

CAMELLIA

EMILIANA ALBA.

M. D. Spae, secrétaire-adjoint de la Société royale d'Agriculture et de Botanique de Gand, a, dans le tome IV, pag. 209 des *Annales* de la Société, fait connaître l'origine de ce beau Camellia.

Nous l'avons reçu seulement en 1847 d'Amérique. Il a fleuri pour la première fois en Belgique, dans les serres de M. Calewaert-Vermeulen, vice-président de la société d'horticulture de Courtrai.

Le *C. Emiliana alba* est d'une végétation vigoureuse, à feuilles d'un vert clair, ovales allongées, atténuées-aiguës au sommet, à dents régulières et équidistantes. Le bouton en est gros, arrondi, à écailles verdâtres, et s'ouvre avec une grande facilité. La fleur mesure ordinairement neuf à dix centimètres de diamètre; l'imbrication en est régulière; les pétales en sont arrondis, amples et diminuent de grandeur au fur et à mesure qu'ils approchent du centre; ils sont d'un beau blanc fort élégamment tachés et striés d'un rose tendre; dans le cœur et à leur base, une légère nuance sulfurine s'ajoute à la beauté du coloris général.

Nous sommes en mesure de fournir de bons pieds de ce joli Camellia, rare encore dans les collections.

Camellia magnifica rubra.

A. Verschaffelt publ.

CAMELLIA

MAGNIFICA RUBRA.

Ce Camellia nous a été envoyé de Milan, il y a quelques années, par un de nos correspondants, qui l'avait obtenu de semence. Il vient de fleurir dans les serres de M. D. Vervaene, horticulteur à Ledeberg, et c'est d'après une de ses plantes, qu'a été fait le dessin que nous en donnons ci-contre.

Cette belle variété végète avec vigueur ; les feuilles en sont ovales-allongées, acuminées, horizontales et planes, à nervures saillantes et à dents fines et nombreuses. Le bouton en est rond, à écailles verdâtres, et produit une large fleur, bien bombée, d'un décimètre de diamètre, pleine, d'un rouge saumoné, nuancé de blanc, et acquérant une riche teinte pourpre lors de son entier développement. Les pétales en sont très-nombreux, un peu dentelés aux bords, circonstance qui les rend comme ondulés, et implique à la fleur une élégance toute particulière.

Camellia Cruciata vera.

A. Verschaffelt publ.

CAMELLIA

CRUCIATA VERA.

L'origine de ce charmant Camellia ne nous est pas bien connue. L'individu que nous en représentons ci-contre, nous a été envoyé, il y a quelques années par M. le baron de Pronay.

Par l'imbrication parfaite et la forme régulière de ses pétales, par la panachure blanche qui en traverse le milieu du limbe, cette variété fait nécessairement partie de l'élite des Camellias, et vient se grouper avec les C. *Queen Victoria*, *Verschaffeltiana*, *Carswelliana*, et tant d'autres.

La plante est d'un port vigoureux, bien ramifié, à branches garnies de feuilles ovales-arrondies, à nervures saillantes, et à dents régulières et aiguës. La fleur en forme de renoncule a environ un décimètre de circonférence, et se compose ordinairement de neuf ou dix rangs de pétales assez arrondis, légèrement échancrés au sommet, d'un rouge vif nuancé de rose tendre, et marqués d'une bande ou large tache blanche, qui traverse le milieu du limbe, et donne à l'ensemble de la fleur un aspect fort attrayant.

Camellia Virginalis.

A. Verschaffelt, publ.

CAMELLIA

VIRGINALIS.

Ce Camellia est de provenance italienne ; nous l'avons reçu il y a trois ans environ, d'un de nos correspondants qui l'a obtenu de semis ; le dessin ci-joint a été fait d'après la plante-mère qui a fleuri dans notre établissement en février dernier.

Sa fleur d'un blanc de lait légèrement tachetée de rose, et à peine nuancée de jaune tendre dans le cœur, est remarquable non-seulement par son imbrication parfaite, mais surtout par la forme peu commune de ses pétales, qui sont amples, très entiers, lancéolés, et délicatement nervés de veines translucides.

Nous avons à peine besoin de dire que cette variété appartient à la catégorie des perfections, mais nous devons ajouter que sa vigueur végétative, sa facile et abondante floraison ne laissent rien à désirer.

Camellia Amabilis de New-York.

A. Verschaffelt publ.

CAMELLIA

AMABILIS DE NEW-YORK.

Comme son nom l'indique, ce Camellia a été obtenu de semis à New-York, par M. Smith, horticulteur de cette ville. Il est aussi connu dans les collections sous les noms d'*Amabilis Smith* et d'*Amabilis d'Amérique*.

C'est par ses fleurs une des plus jolies, des plus gracieuses variétés connues ; le coloris en est rose, d'une grande délicatesse dans la partie moyenne, très-vif au centre et à la circonférence. Les pétales, régulièrement imbriqués, amples et arrondis à l'extérieur, oblongs, ensuite au centre plus petits, dressés et formant le cœur, tous faiblement échancrés au sommet.

Elle se recommande encore par son port élancé et vigoureux, un feuillage assez ample et d'un vert très-foncé. Enfin par une floraison franche et facile que l'on n'obtient telle toutefois qu'avec de grands ménagements, la plante n'aimant pas à être dérangée lors de la formation de ses boutons.

l'and ham ad nat. pinx.

C. Severeyns, lith. et imp.

Camellia Halleii

A. Verschaffelt, publ.

Pl. XX.

CAMELLIA

[illegible]

L'introduction [illegible] date [illegible] du
[illegible] que [illegible] il [illegible]
anglaise et a été [illegible] de [illegible]
mis par M. Bally, [illegible]
à Blackheath.

[illegible] d'une [illegible]
goureuse, cette [illegible] une
des feuilles ov[illegible]
atténuées aux de[illegible]
de huit à neuf [illegible]
long sur six [illegible] large [illegible]
dents nombreu[illegible]
espacées. Le [illegible]
arrondi et [illegible]

CAMELLIA

HALLEII.

L'introduction de ce Camellia en Belgique date seulement du printemps 1845 ; il est d'origine anglaise et a été obtenu de semis par M. Hally, horticulteur, à Blackheath.

Douée d'une végétation vigoureuse, cette variété donne des feuilles ovales-oblongues, atténuées aux deux extrémités, de huit à neuf centimètres de long sur six à sept de large, à dents nombreuses, grandes et espacées. Le bouton en est gros, arrondi et s'ouvre facilement.

La fleur est régulièrement imbriquée et formée de pétales nombreux, disposés sur huit ou neuf rangs, grands, arrondis, légèrement échancrés au milieu. diminuant de grandeur au fur et à mesure qu'ils se rapprochent du centre ; leur couleur est rouge sanguin foncé, traversé le plus souvent d'une ligne blanche assez étroite qui en occupe le milieu longitudinal ; disposition qui donne à chaque fleur un aspect étoilé d'un joli effet.

Camellia Nathalia.

Peeters Léon. ad viv pin.

G. Severeyns, lith. et imp.

A. Verschaffelt, publ.

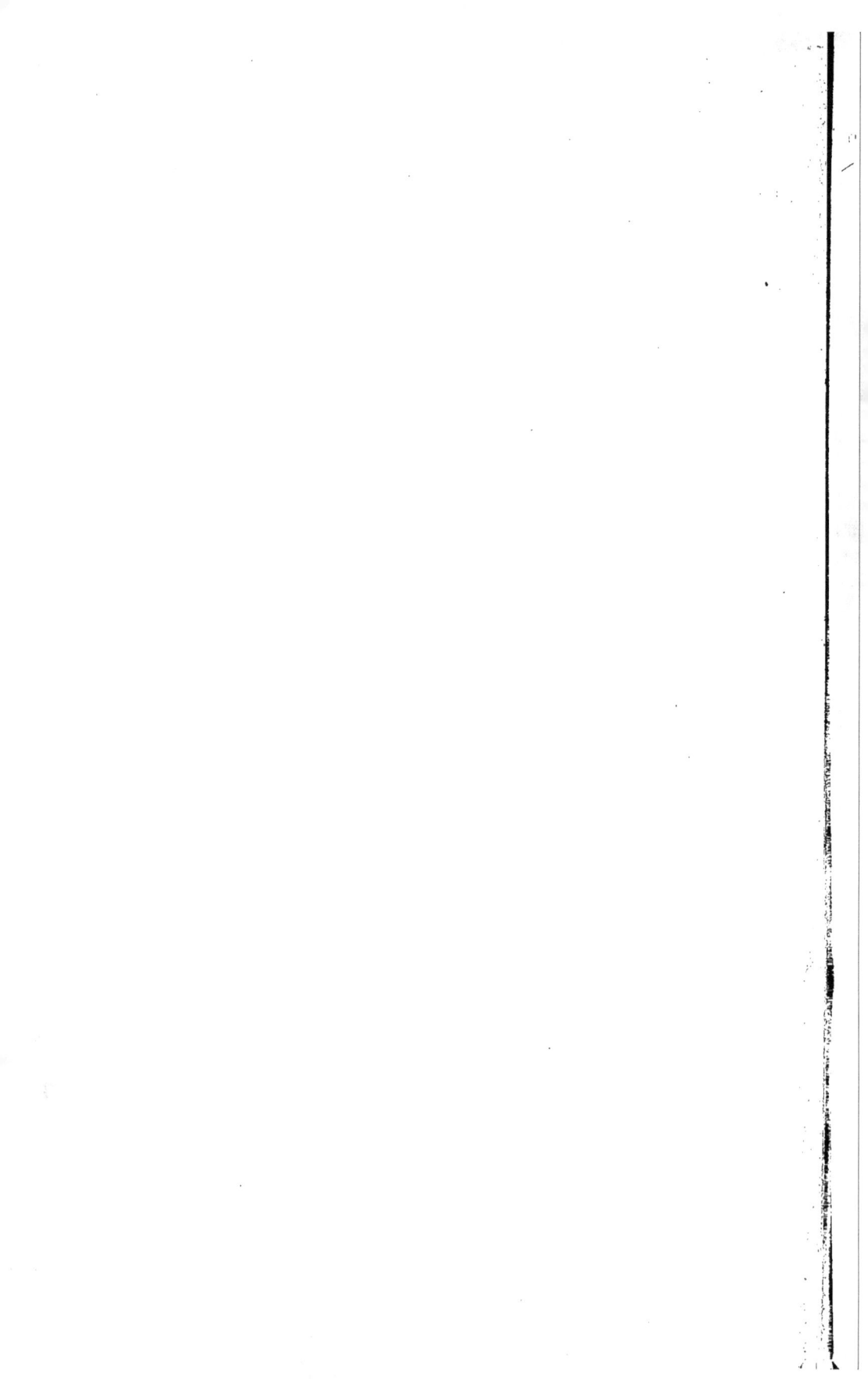

CAMELLIA

NATHALIA.

Bien que cette variété appartienne indubitablement par la régularité de son imbrication pétalaire à la catégorie des perfections, néanmoins l'ondulation notoire de ses pétales d'un blanc pur relevé au milieu de la fleur d'une légère teinte sulfurine, leur nombre plus considérable au centre, qui présente *un peu de chiffonné*, en font un intermédiaire entre les deux classes florales des Camellias.

Dans la plante qui nous occupe cette semi-irrégularité offre un agrément de plus à l'attrait général de ses belles fleurs.

Nous l'avons reçue l'an dernier de l'un de nos correspondants d'Italie, et nous pouvons dès aujonrd'hui en céder de jolis individus.

Rien ne manque à cette belle variété, vigueur, beau feuillage, floraison abondante et facile. Le dessin ci-contre a été fait d'après nature dans notre établissement.

Camellia Daviesii.

le Severeyns lith. et in.

A Verschaffelt publ.

C'est p... ...
de nos fl... ...
petits Gaer... ...
raitra, c... ...
et l'un é... ...
ou redev... ...
anglais, ...
seulement ...
le vœu...

La fr... ...
nous ... ...
ficie q... ...
quel ... ...
plus ... ...
Vœux ...

CAMELLIA

DAVIESII.

C'est par l'anomalie étrange de ses fleurs, l'un des plus curieux Camellias que l'on connaisse, en même temps qu'il en est l'un des plus beaux. On en est redevable à un cultivateur anglais, M. Davies, qui l'a mis seulement il y a deux ans dans le commerce.

La figure que nous en donnons ici a été faite d'après une fleur que nous en a communiquée l'un de nos amateurs les plus honorables, M. Calewaert-Vermeulen, de Courtrai.

Sa fleur, de onze centimètres au moins de diamètre est d'un rouge cerise vif; les nombreux pétales qui la composent sont amples, arrondis-échancrés au sommet et régulièrement imbriqués, comme dans les perfections ordinaires; mais chose fort remarquable, cette régularité est interrompue par plusieurs bouquets jetés çà et là sur la superficie de la fleur et composés de tout petits pétales, serrés et chiffonnés, d'un effet singulier.

La plante est douée d'une grande vigueur, d'un feuillage fort ample et d'un vert très-foncé.

Camellia Don Michel.

A. Verschaffelt, publ.

CAMELIA

BON ???

Ce Gen... ... ...
il y a qu... ... ...
ment.

C'est ... ...
perfection... ... ...
bles, ...
gularité de ... ...
pétales, ...
rable ... ...

Le ... ...
au ros... ...
tre: ... ...
d'un bl... ...
ler ... ...
noir... ...

CAMELLIA

DON MICHEL.

Ce Camellia a été reçu d'Italie il y a quatre à cinq ans seulement.

C'est sans contredit l'une des perfections les plus remarquables, non-seulement par la régularité de l'imbrication de ses pétales, mais encore par l'admirable bigarrure de leur coloris.

Le ton général de la fleur est un rose vif, plus foncé au centre ; tantôt certains pétales sont d'un blanc pur relevé de macules ou larges lignes roses, tantôt mipartis blanc et rose ; quelquefois roses et lignés de blanc au centre, quelquefois simplement roses. On conçoit tout de suite le charmant effet qui résulte de la combinaison ainsi variée de ces deux couleurs et quel charme elle ajoute à l'ensemble de la fleur.

Le beau et exact dessin ci-contre, a été fait d'après un individu appartenant au docteur Van Aken de cette ville, l'un des amateurs belges les plus distingués.

Bernard Bon ad nat pinx

G. Severeyns, lith. et imp.

Camellia Berenice.

A. Verschaffelt, publ.

Ce t...
sans don...
Leur plus...
veines par...
tout de la...

On l'a...
année de...
tieulien...
jointe à ...
bel indiv...
sieur Alb...
à Gand.

La fleur...
tinctive...
pose de...

CAMELLIA

BÉRÉNICE.

Ce Camellia n'est pas nouveau sans doute, mais ses jolies fleurs, leur aimable coloris à grandes veines plus foncées, lui méritent de le sauver de l'oubli.

On l'a reçu il y a quelques années déjà de M. Mariani, horticulteur à Milan; et la figure ci-jointe a été exécutée d'après un bel individu appartenant à Monsieur Albin Pathé, horticulteur à Gand.

La fleur a de neuf à dix centimètres de diamètre, et se compose de grands pétales oblongs-arrondis, à peine échancrés au sommet, d'un beau rose vif, ligné souvent de plus pâle au milieu, vers la circonférence; ensuite d'un rose tendre, souvent lignés plus ou moins manifestement de blanc, et agréablement bigarrés de nombreuses veines anastomosées, d'une teinte plus foncée, disposition qui donne à la fleur le plus agréable aspect.

L'arbrisseau est d'une belle venue, fleurit facilement et se couvre d'un joli feuillage d'un vert peu foncé.

Camellia Néron.

C. Severeyns, lith. et imp.

A. Verschaffelt, publ.

Paris,
les plus d...
  La fleur es...
(... diam.) et ...
formes étoilée...
die des print...
général est d'...
vif, blanchisse...
tement ou bor...

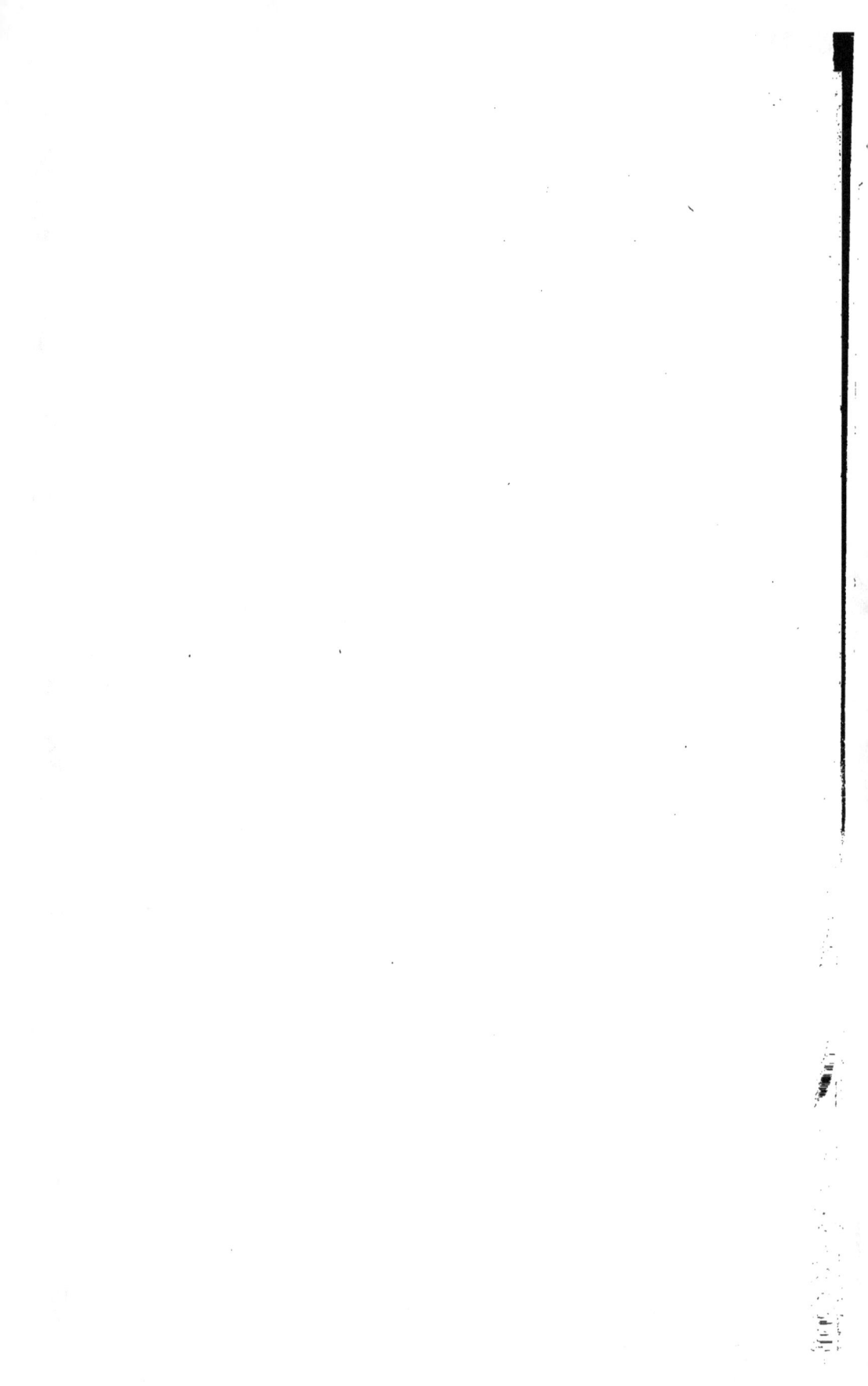

CAMELLIA

NÉRON.

Nous ne connaissons pas l'origine de cette remarquable variété, que nous avons acquise en 1844 chez M. Paillet, de Paris, et l'un des cultivateurs les plus distingués en ce genre.

La fleur est grande (11 cent. de diam.) et rappelle par ses formes étoffées la belle rose, dite *des peintres*. Le coloris général est d'un rouge cerise vif, blanchissant presque subitement au bord de chaque pétale, accident qui donne à cette variété un attrait tout particulier.

C'est une de ces bonnes plantes qui pourront *vieillir* sans doute, mais que son mérite fera toujours rechercher et conserver dans toutes les collections choisies.

La figure ci-contre a été exécutée d'après un individu de nos collections.

Camellia Frédéric alba.

CAMELLIA

FRÉDÉRIC ALBA.

Ce Camellia nous est venu d'Italie, il y a cinq à six ans, et a fleuri pour la première fois en 1843, époque à laquelle nous l'avons présenté à l'exposition de la société royale d'horticulture et de botanique de Gand, le 19 février de la même année.

Là, ses grandes fleurs d'un blanc pur, à nombreux pétales pressés et irrégulièrement insérés, un peu chiffonnés, mais étalés, échancrés au sommet et là souvent mucronés, lui gagnèrent tous les suffrages des connaisseurs. Cette irrégularité, sans désordre toutefois, offre un véritable attrait quand on la compare aux nombreuses perfections dont la série s'accroît chaque jour.

Le dessin ci-contre a été fait dans nos serres d'après un individu de nos collections.

P. ... ... ad ... pinx   G. Severeyns, lith. et imp.

Camellia Theresa Marchesa d'Ambra.

A. Verschaffelt publ.

CAMELLIA

THERESA MARCHESA D'AMBRA.

Nous ne pouvons pas recommander une plus jolie variété que celle dont il s'agit. Une régularité parfaite dans l'arrangement imbriqué de ses nombreux pétales arrondis, sans échancrure, un coloris d'un beau rose tendre, délicatement ligné de rose plus foncé, un feuillage mignard, une floraison abondante et facile, tout en elle la feront rechercher avec empressement des nombreux amateurs de ce beau genre.

Si la nouveauté peut être un mérite, elle le joint à tous ceux que nous avons énumérés; car nous venons de la recevoir tout récemment (février) d'un zélé horticulteur de la Haute Italie, et nous pouvons dès maintenant la livrer aux amateurs.

C'est d'après un individu qui a fleuri dans nos serres qu'a été fait la figure ci-contre.

Camellia Verschaffeltiana,

A. Verschaffelt, publ.

CAMP...

...

L'av...
attaché
appor...
ficule,
relatif
l'une de
ritaste...
depuis l...
obtenu...
ment p...
sans...
dont...
également
et por...
l'une de...
se lég...
elm...
...
th...
...

CAMELLIA

VERSCHAFFELTIANA.

L'immense vogue qui s'est attachée à ce Camellia dès son apparition dans le monde horticole, ne paraît pas devoir se ralentir de sitôt. C'est en effet l'une des variétés les plus méritantes que l'art ait conquis depuis longtemps. Elle a été obtenue dans notre établissement par le croisement du *C. Leeana superba* avec le *C. minuta*, dont elle éloigne cependant également, et pour la forme et pour le coloris floral. C'est l'une des plus constantes et sous ce rapport elle sera de plus en plus estimée des amateurs, qui savent combien les Camellias à fleurs lignées de blanc sont sujets à varier.

A cet incontestable mérite, notre Camellia en joint d'autres qui ont fait sa juste réputation ; nous voulons dire une grande amplenr florale (10 à 12 cent.

de diam.), un beau coloris rose vif, de grands et nombreux pétales régulièrement imbriqués et traversés au centre par une large bande blanche.

Ses boutons gros, arrondis et verts, dénotent la facilité de l'épanouissement des fleurs, et l'arbrisseau, sous le rapport de la vigueur et de la rusticité, ne laisse rien à désirer (1).

La belle et *fort exacte* figure ci-contre, a été exécutée cette année (1849) d'après un individu de nos collections.

_____

(1) Nos lecteurs ont sans doute remarqué dans nos dernières livraisons, que nous nous abstenons de décrire désormais le feuillage ; ils nous approuveront sans doute, car personne d'entr'eux n'ignore combien les feuilles varient peu d'un Camellia à l'autre. Toutefois nous ne manquerons pas de mentionner les circonstances particulières que les plantes nous offriront sous ce rapport.

 C. Severeyns, lith. et imp.

Camellia maculata perfecta.

A. Verschaffelt publ.

CAMELLIA

...

La vari... dont il s'ag...
sans conte... ....
les que l'on ....
deux catég... ....
,entre lesquel... ....
termédiair... ....
de ses grand... ....
tales relev... ....
dirait d'un........ ....
feuilles, ...
assez inusité... ....
vient se ju... ....
coloris ....
ché parc... ....
par. Au ....
surréga... ....
tout la ....
avons ....
douze ....
du ....
ajout... ....
des ....

CAMELLIA

MACULATA PERFECTA.

La variété dont il s'agit est sans conteste l'une des plus belles que l'on connaisse dans les deux catégories de ce genre, entre lesquelles elle semble intermédiaire. Par la disposition de ses grands et nombreux pétales relevés et imbriqués, on dirait d'une énorme rose cent-feuilles, et à cette disposition assez insolite et fort élégante, vient se joindre un charmant coloris rose, amplement panaché partout, çà et là de blanc pur. Au cœur les pétales fort serrés et dressés, justifient surtout la comparaison que nous avons établie. La fleur mesure douze centimètres et au-delà de diamétre, et cette ampleur ajoute encore à tous les mérites de ce Camellia.

On en doit l'introduction dans nos jardins à M. Ch. De Loose, amateur gantois que recommandent une habileté peu ordinaire et un goût exquis. Il la trouva accidentellement, en 1846, à l'extrémité d'un rameau de *Camellia cruciata* (de Pronay), et s'empressa de la fixer par la greffe. Or, on sait que dans la fleur de ce dernier, les pétales sont longitudinalement traversés par des bandes blanches; lesquelles par un heureux hasard, perdirent en cette occasion leur régularité et s'éparpillèrent en macules plus ou moins larges sur toute la fleur, et c'est de cette occasion que M. Ch. De Loose a fait habilement profiter l'horticulture.

Camellia alba plena (Casoretti).

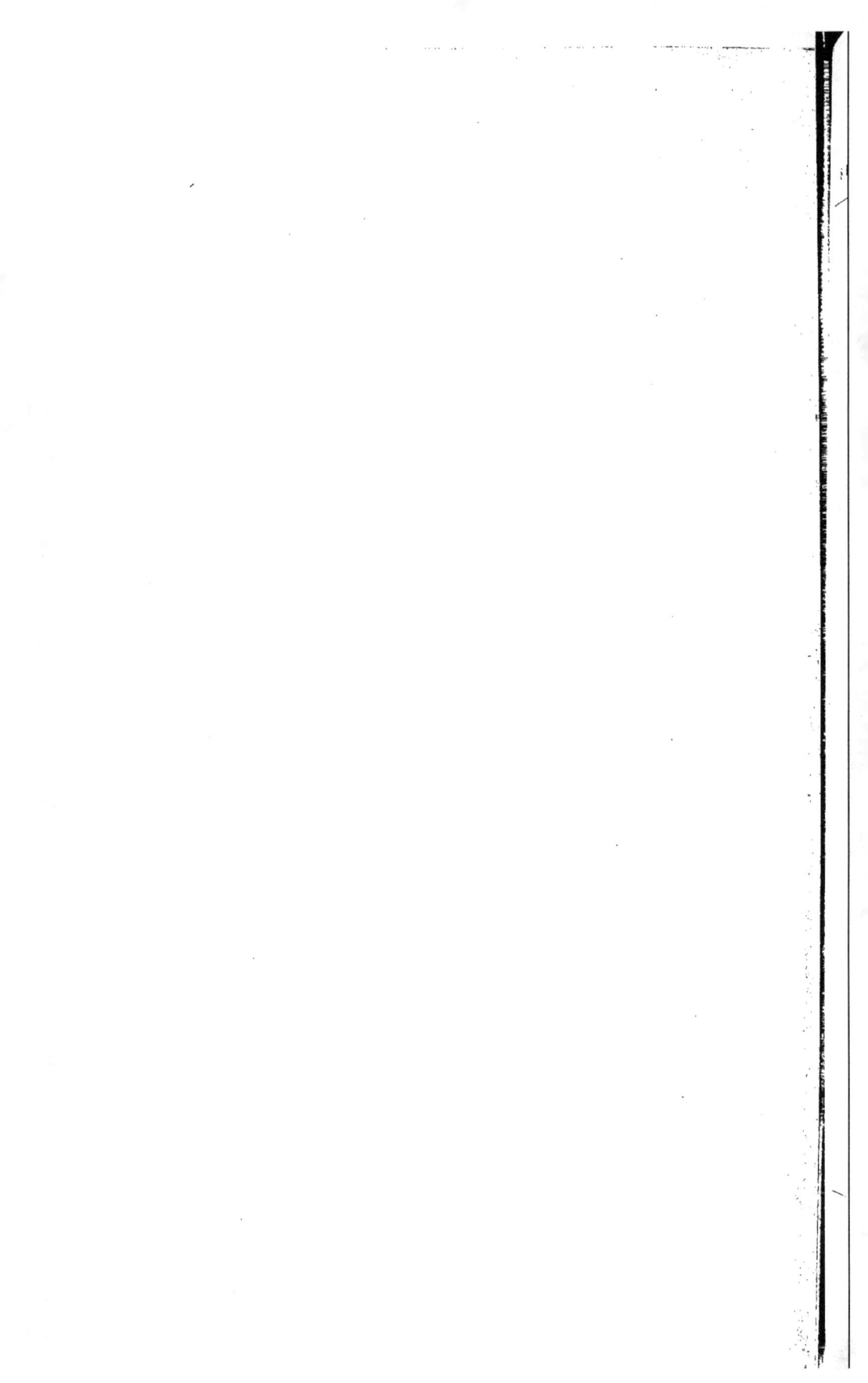

CAMELLIA

ALBA PLENA (CASORETTI).

Nous avons reçu ce Camellia, il y a quelques années, de M. Casoretti, horticulteur milanais, et il a fleuri pour la première fois dans nos serres en 1847.

Parmi les nombreux Camellias à fleurs blanches dites *perfection*, celui-ci se distingue par l'ampleur de sa fleur élégamment bombée, ses grands péta-les arrondis et faiblement échancrés. Ceux du centre, à peine plus petits, sont traversés par uue assez large ligne sulfurine, tranchant distinctement et élégamment sur le fond.

La floraison en est abondante et facile, le feuillage épais ; toutes ces causes en font une des meilleures variétés connues.

Camellia Palmer's perfection.

Bernard Leon ad nat. pinx.

G.Severeyns, lith. et imp.

A. Verschaffelt, publ.

Le Ca...
quelques...
leur angle...
des plus ...
de gerre ...
nouveau ...
l'une de ...
leur beau...
jours de ...
dans le...

La fleur...
bée, as...
quée ...
nommen...
librement...
entre ...
ceux d...
auroit...
calcul...

CAMELLIA

PALMER'S PERFECTION.

Ce Camellia, gagné, il y a quelques années, par un amateur anglais, M. Palmer, l'un des plus habiles cultivateurs en ce genre de plantes, n'est pas nouveau sans doute, mais c'est l'une de ces rares variétés que leur beauté florale sauvera toujours de l'oubli et maintiendra dans les collections.

La fleur est légèrement bombée, assez fortement ombiliquée au centre et formée de nombreux pétales très-régulièrement imbriqués. Ceux du centre sont ovales, cucullés; ceux de la circonférence plus amples, arrondis, faiblement échancrés, convexes. Le coloris en est riche et l'effet de sa double ou triple teinte est fort attrayante. Ainsi, au centre la fleur est cerise foncée, ainsi qu'à la périphérie, tandis qu'au milieu elle est d'un rose tendre. Ajoutez à ce double coloris des bandes blanches qui traversent longitudinalement la plupart des pétales.

Cette description aussi sommaire qu'exacte et l'examen de la belle et exacte figure ci-contre, exécutée d'après un individu de la collection de M. Louis Verschaffelt, fera juger si nous avons ou non, raison de l'admettre dans notre Iconographie.

Perouard Leon, ad nat. pinx   G. Severeyns, lith. et imp.

Camellia Docteur Horner.

A. Verschaffelt publ.

Cette
semble
quesand
sition de
c'est dans
qu'elle
meiere fois
prend
dudou il
d'on
empress
répond
file pre
de son
public

mont à la grande

CAMELLIA

DOCTEUR HORNER.

Cette variété a été obtenue de semis en Belgique, il y a quelques années. Nous fîmes l'acquisition de l'édition entière, et c'est dans notre établissement qu'elle a fleuri pour la première fois au mois de février passé. Nous l'avons dédiée au docteur Horner, amateur très-recommandable, à Hull (comté d'York), et nous nous sommes empressés d'en faire aussitôt reproduire la figure, par l'habile pinceau de l'artiste, à qui nous avons confié la portraiture de toutes les variétés que nous publions dans ce recueil.

Elle appartient nécessairement à la grande catégorie des perfections, et se recommande aux amateurs par l'extrême régularité de son imbrication florale, son joli coloris d'un rose tendre qu'interrompt quelques rares bandes blanches, traversant longitudinalement les pétales. La fleur est très-grande, élégamment bombée, à peine ombiliquée au centre; les pétales bien arrondis, convexes, échancrés au sommet. Végétation vigoureuse, floraison abondante et facile, beau feuillage, tous ces mérites la désignent au choix des amateurs les plus scrupuleux.

Nous la mettrons dans le commerce au printemps prochain (1850).

G. Severeyns, lith. et imp.

Camellia Lady Broughton.

A. Verschaffelt, pit.

CAMELLIA

LADY BROUGHTON.

Nous avons reçu en 1847 ce Camellia de Messr. Jackson et fils, horticulteurs à Kingston (Angleterre), et la figure que nous en donnons ci-contre a été exécutée d'après un individu que nous en a communiqué M. Alexis Dallière, horticulteur à Ledeberg, lez-Gand, chez qui il a fleuri l'hiver dernier (1849).

Il se distingue assez nettement de toutes les variétés connues et ce n'est pas là le moindre de ses mérites! par ses grandes feuilles allongées, les nombreux boutons à fleurs qui garnissent la longueur de ses rameaux, enfin l'ampleur notable de ses pétales et la forte échancrure qui les termine.

Ses fleurs n'ont pas moins de 11 cent. de diamètre, elles sont assez régulièrement imbriquées d'un rouge cerise foncé, palissant vers les bords et l'extrémité des pétales.

Cette remarquable variété se trouve déjà dans quelques unes des principales collections.

Camellia Comtesse Nencini.

Cette
ment l'aug
des po
ac
tion. Un
exagère
en jetant
belle et
ages ne
faite d'ag
hardies,
guerre

Musi
me
très
femme

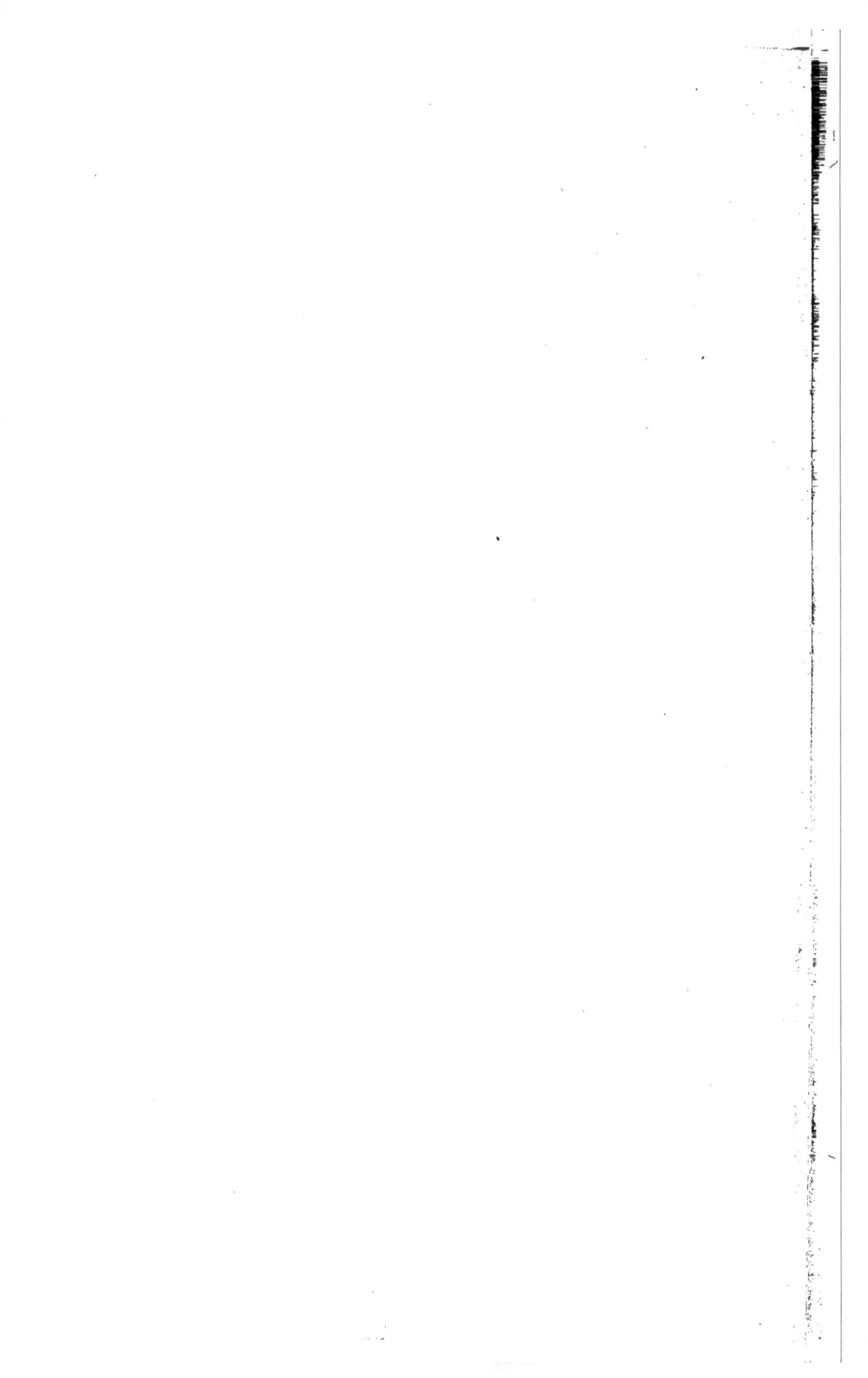

CAMELLIA

COMTESSE NENCINI.

Ce Camellia est bien certainement l'une des plus gracieuses, des plus *virginales* productions que l'on possède dans les collections. On peut juger si nous exagérons le moins du monde en jetant un coup-d'œil sur la belle et fort exacte figure que nous en donnons ci-contre, et faite d'après un individu que nous a communiqué l'honorable horticulteur M. Miellez, d'Esquermes lez-Lille (*France*).

Plusieurs maisons d'horticulture belges, la nôtre entre autres, chez qui il a fleuri également, l'avaient reçu, il y a quelques années déjà de Msr. Burnier et Grilli, horticulteurs à Florence. C'est tout ce que nous savons de son histoire.

Cette variété se distingue éminemment de ses nombreuses sœurs par ses nombreux petits pétales arrondis, fort régulièrement imbriqués, d'un coloris blanc pur, finement rayé de veines translucides, et çà et là de jolies bandes ou macules d'un rose plus ou moins accusé. Au centre les mêmes pétales décroissant graduellement de grandeur, forment un petit cœur serré, mais étalé.

Camellia Mathotiana.

CAMELLIA

MATHOTIANA.

Par le volume peu ordinaire de ses fleurs, l'imbrication régulière et le riche coloris cerise de celles-ci, cette variété est de l'aveu général, et des Anglais eux-mêmes, le professeur Lindley en tête, l'une des plus remarquables que l'on ait obtenues dans ces derniers temps.

On en est redevable à l'un des amateurs les plus distingués de Gand, M. H. Mathot, qui en recueillit le type sur un individu du *C. anemonæflora* qu'il avait fécondé par le *C. Sieboldii*.

Il a été mis dans le commerce, l'an dernier, par notre confrère M. J.-B. De Saegher, qui en a acquis la propriété.

Sa fleur est en effet l'une des plus grandes que l'on connaisse. Elle ne mesure pas moins de 18 centimètres et plus de diamètre. Les pétales, comme nous l'avons dit, sont imbriqués avec la plus grande régularité ; tous sont arrondis, convexes et renversés ; au centre un cœur petit et serré rappelle la forme de l'un de ses parents.

Le feuillage en est remarquable par son ampleur peu ordinaire ; le port en est vigoureux, la floraison facile.

Camellia Opizina.

CAMELLIA

OPIZINA.

Cette variété, que nous avons reçue tout récemment (1847) d'un horticulteur Milanais, vient de fleurir pour la première fois dans notre établissement l'hiver dernier (1849), et nous nous sommes hâtés de le faire figurer pour en offrir une fidèle *portraiture* à nos abonnés.

Elle se recommande au choix des amateurs par une fleur régulièrement imbriquée, d'un joli coloris, rose vif, veiné d'une teinte semblable, mais plus foncée et interrompue au centre de chaque pétale par une bande blanche ou rosée, couleur qui paraît souvent aussi sur le bord et sur le sommet.

Pour une fleur de moyenne grandeur (10 centim.) les pétales sont amples; ils affectent une forme ovale avec une légère échancrure au sommet. C'est dans toute l'acception du terme une fort jolie nouveauté.

Camellia Columbo.

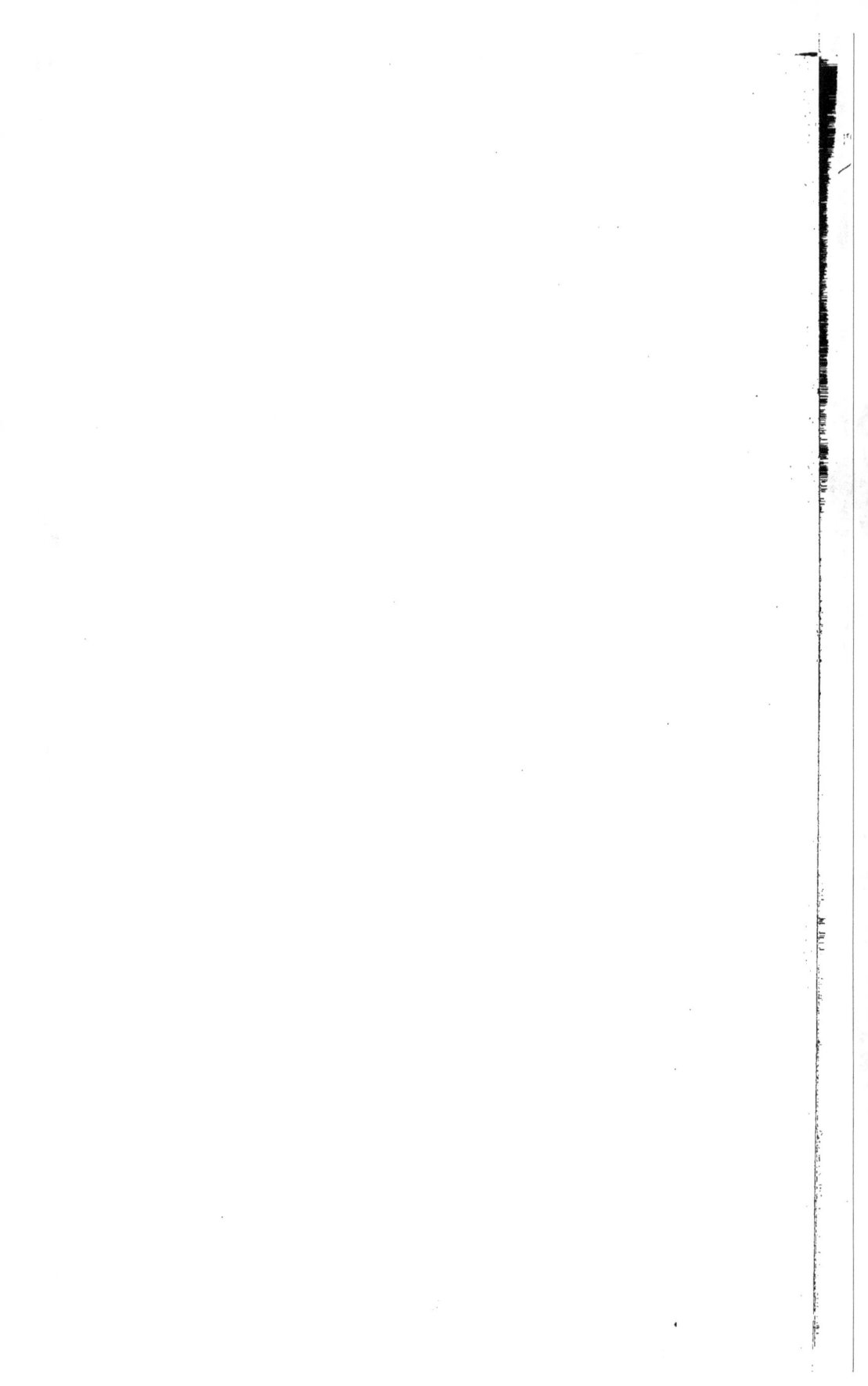

CAMELLIA

COLUMBO.

Cette variété se distingue assez nettement de ses congénères par un feuillage allongé, comparativement étroit, et assez fortement ondulé aux bords. Sa fleur assez grande est d'un beau rouge cerise uniforme, et les nombreux pétales qui la composent offrent une disposition imbriquée fort régulière et affectent deux formes assez distinctes : ceux de la circonférence sont arrondis et échancrés au sommet, tandis que ceux du centre sont ovales-lancéolés, aigus.

Ce beau Camellia est depuis quelques années déjà dans le commerce; on le doit à M. Mariany, horticulteur milanais.

Camellia Reine des Roses.

CAMELLIA

REINE DES ROSES.

Nous ne saurions être taxés d'exagération en disant que la fleur de cette nouvelle variété est une des plus charmantes qni se puissent voir, tant par sa forme mignonne et régulière, que par son tendre et gracieux coloris rose. Au reste, la figure ci-contre, d'une exactitude rigoureuse, peut en donner une juste idée. Et, bien que cette plante offre beaucoup d'analogie avec quelques autres variétés que l'on possède, on peut la regarder comme étant de premier rang.

On en est redevable à M. Boddart, horticulteur à Tronchiennes, lez-Gand, qui se propose de la mettre incessamment dans le commerce.

La fleur de moyenne grandeur est formée d'un très grand nombre de petits pétales parfaitement imbriqués, décroissant insensiblement de la circonférence au centre; là arrondis et sans échancrure notable; ici très petits et ovales-lancéolés, peu ou point aigus. Les extérieurs, comme nous l'avons dit, sont d'un beau rose tendre, et fort élégamment veinés parrallèlement de rose plus foncé, les internes sont largement maculés de blanc.

Camellia alba speciosa.

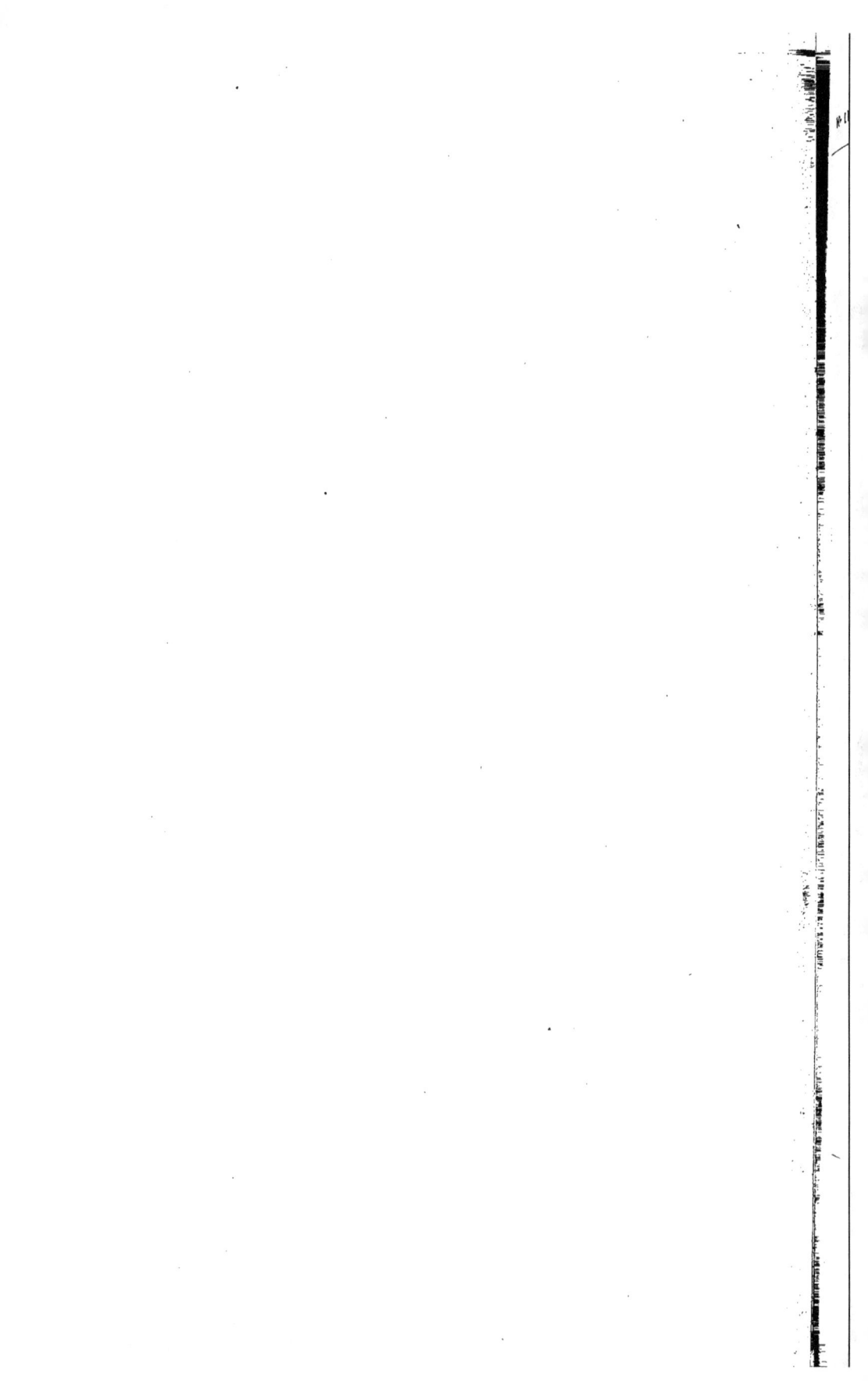

CAMELLIA

ALBA SPECIOSA.

Obtenu de semis dans notre établissement, cette variété vient d'y fleurir cette année (1849) de la manière la plus splendide. Sa fleur est grande, du blanc le plus pur et le plus éclatant que nous connaissions, en même temps qu'elle se distingue par l'ampleur et l'échancrure profonde de ses pétales régulièrement imbriqués et parfaitement arrondis. Au centre, ils se rapétissent tout à coup et forment un petit cœur ombiliqué d'une teinte légèrement sulfurine.

Le feuillage en est ample et bien fourni; la croissance vigoureuse et la floraison abondante et facile.

Nous la mettrons très-prochainement dans le commerce.

Camellia Reine des Belges.

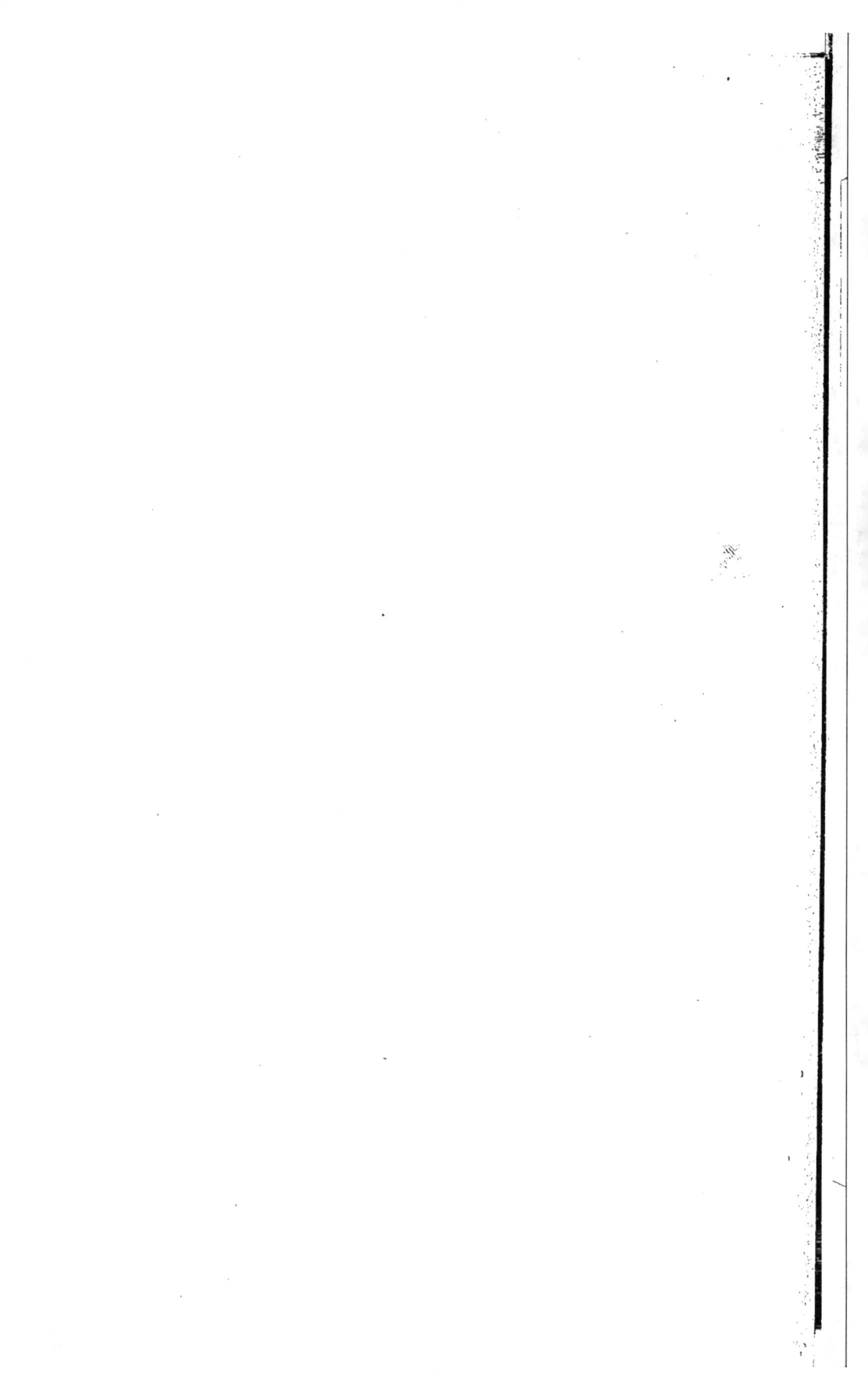

CAMELLIA

REINE DES BELGES.

Ce Camellia, remarquable à plusieurs titres, est issu de l'ancien et célèbre *C. Donkelaarii*, par les soins de M. Donkelaar, jardinier en chef du jardin botanique de Gand, qui l'avait fécondé par une autre variété dont le nom ne nous est pas connu. C'est l'obtenteur lui-même, qui lui a imposé le nom qu'elle porte, et dont sa beauté ne le rend pas indigne. M. Donkelaar se propose de la mettre dès l'an prochain (1850) dans le commerce.

La fleur est assez grande, d'un rouge cerise, foncé à la base des pétales, pâle ensuite, et nettement et assez largement bordé de blanc. Ils sont régulièrement imbriqués, larges et arrondis à la circonférence, petits et étroitement lancéolés au centre; tous nettement veinés d'une teinte plus foncée,

C'est un Camellia de premier ordre.

Camellia Nitida.

CAMELLIA

NITIDA.

Tout est miniature dans ce Camellia, mais comme pour justifier le proverbe, tout en est joli, feuilles et fleurs. Ces dernières sont d'un beau rose et d'une forme régulière; leurs pétales, arrondis convexes, sans échancrure très notable, sont traversés au centre par une belle ligne blanche. Le feuillage en est serré et bien fourni.

On en doit l'introduction dans les jardins à MM. Chandler, père et fils, horticulteurs anglais.

Il est extrêmement florifère et demande, ainsi que la plupart des Camellias, à ne pas être troublé quand il est en boutons. La jolie figure ci-contre a été faite d'après nature dans notre établissement (1).

(1) Pour ne pas nous répéter sans cesse, nous n'indiquerons désormais les lieux où seront exécutés nos dessins, que lorsqu'ils ne le seront pas dans notre établissement.

Camellia picta grandiflora.

CAMELLIA

PICTA GRANDIFLORA.

Nous avons reçu cette variété l'an dernier du comte Caraccioli, de Florence, qui nous l'adressa, ainsi que d'autres, comme plante de semis, sans l'avoir vu fleurir. C'est cette année même qu'il nous a offert pour la première fois ses fleurs, et tous les amateurs qui les ont vues alors, ont déclaré que leur grandeur, leur régularité, sans monotonie *géométrique*, et leur frais coloris constituaient un Camellia du premier mérite.

La fleur mesure 11 à 12 centimètres de diamètre; elle est formée de grands et nombreux pétales, convexes, oblongs-arrondis, échancrés; au centre ils forment un cœur serré et étroit. Le coloris général est d'un rose très tendre, finement et délicatement veiné d'un rose plus foncé et relevé çà et là par quelques stries ou petites macules d'un cerise vif.

Nous comptons la mettre dans le commerce vers l'automne de 1850.

Camellia Marquise d'Exeter.

A Verschaffelt publ.

CAMELLIA

MARQUISE D'EXETER.

Ce Camellia date dans le commerce de quelques années déjà, mais il y restera toujours comme une variété de grand mérite et pour la grande ampleur de ses fleurs, leur disposition pœoniforme et leur éclatant coloris. Ces beautés diverses et incontestables justifient notre résolution de le figurer dans ce recueil.

La fleur, d'environ 13 centimètres de diamètre, est formée de pétales extrèmement nombreux, très amples, diversiformes, les uns échancrés ou apiculés, les autres entiers, ondulés et un peu tourmentés, quoique régulièrement imbriqués; vers le centre ils se rapprochent, se serrent et se redressent pour former un cœur bien fourni; le coloris est un rouge cerise vif, délicatement veiné.

Outre ces mérites, il est aussi rustique que florifère. On l'a vu fleurir pour la première fois chez nous, en 1843, et présenté en fleurs au grand festival de Gand, la même année, où il remporta le premier prix.

La figure ci-contre a été faite chez M. Van Geersdaele, amateur très distingué en cette ville.

Camellia Duchesse de Northumberland.

CAMELLIA

DUCHESSE DE NORTHUMBERLAND.

D'introduction assez récente dans nos cultures (3 ou 4 ans), cette variété est due aux soins de MM. Lee et Cie, horticulteurs anglais. Elle se fait remarquer par l'ampleur peu commune de ses pétales, son coloris d'un blanc pur, relevé çà et là de larges stries solitaires ou géminées d'un beau rose.

Dans sa disposition générale, les pétales extérieurs sont convexes et renversés; vers le centre ils se dressent et rappellent parfaitement ainsi certaines roses hybrides remontantes.

La belle figure ci-contre a été faite par notre artiste ordinaire, dans les serres de M. Alexis Dallière, horticulteur à Ledeberg, lez-Gand.

Camellia Bergama.

Camellia Mazzarelli.

CAMELLIA

MAZZARELLI.

Cette belle variété est également originaire d'Italie, et c'est d'après un bel individu en fleurs dont nous devons la communication bienveillante à M. Van Geersdaele, que nous avons fait exécuter la figure ci-contre.

La fleur en est grande, fort régulière, d'un beau rose tendre, traversé au milieu de chaque pétale par une fine bandelette blanche, ceux-ci sont convexes, arrondis, à bords réfléchis, fort élégamment imbriquées. Ceux du centre beaucoup plus petits, sont légèrement chiffonnées et sans strie bien apparente.

Camellia Frosti alba.

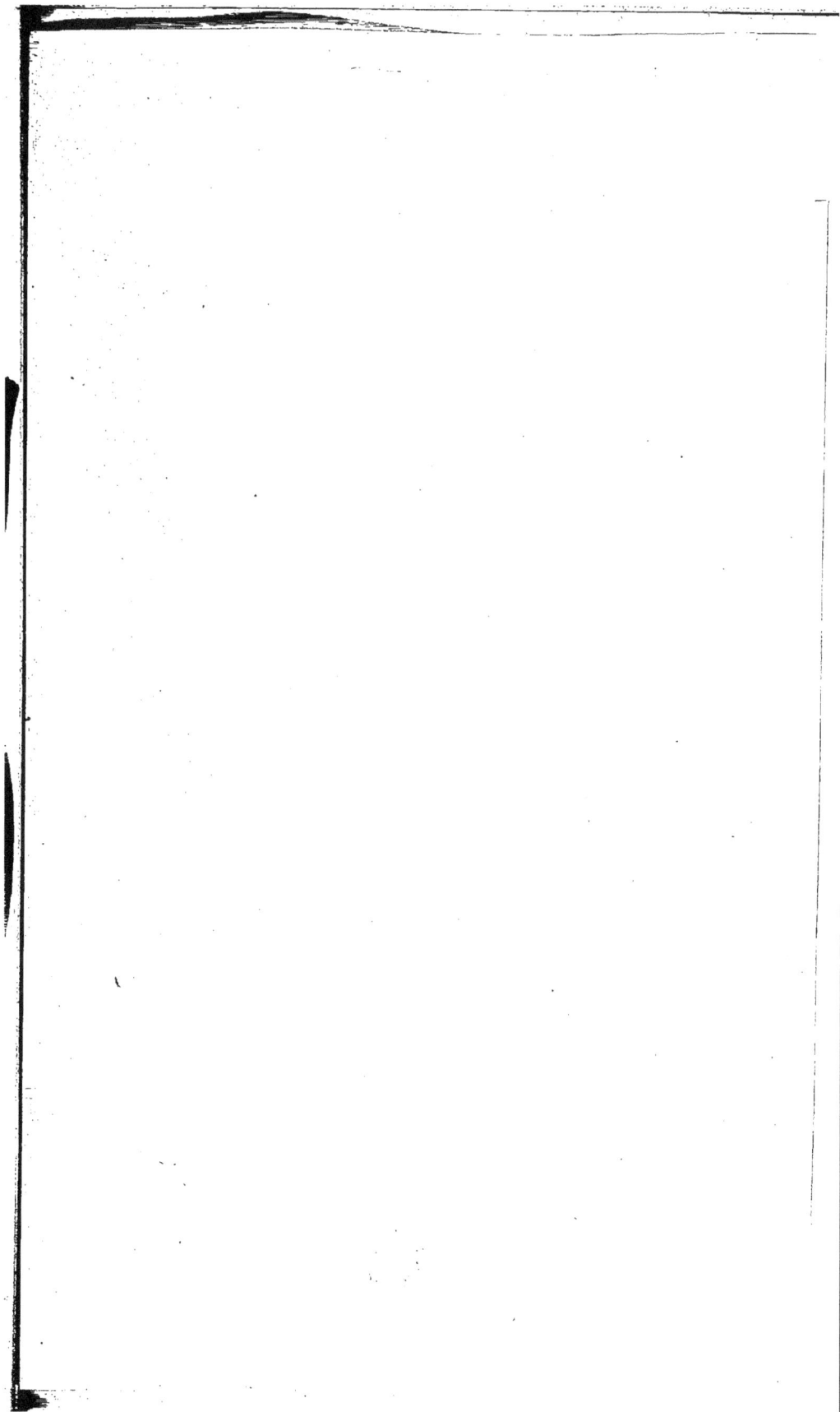

CAMELLIA

FROSTI ALBA.

Nous avons reçu, il y a deux ans environ, cette variété, certes bien digne de figurer dans toutes les collections, de M. De Pronay, et nous regrettons que la mort de cet amateur si distingué, survenue peu de temps après, l'ait empêché de nous en indiquer l'origine (1).

Quoiqu'il en soit, sa grande fleur bombée, ses amples pétales convexes, arrondis, fortement échancrés, d'un blanc pur, quelquefois tranché nettement par des stries d'un rose tendre, la recommandent suffisamment à tout amateur de goût. Son feuillage est particulièrement luxuriant, sa floraison abondante et facile.

On possède aussi dans le commerce un C. Frosti (Buist) à fleurs d'un rouge foncé, dit-on, à reflets pourpres, parfaitement imbriqués.

(1) La réputation de sa collection était pour ainsi dire européenne, aussi nous nous sommes empressés d'en faire l'acquisition tout entière.

Camellia Grand Sultan.

... que ...
que ...
ans dé... ...
n'ava... ...
que ...
... ...
... ...
... ...
bourg, le... ...
... ...

CAMELLIA

GRAND SULTAN.

Bien que ce Camellia, d'origine italienne, soit depuis 4 à 5 ans déjà dans le commerce, nous n'en avons connu les belles fleurs que par l'individu qu'à bien voulu nous en communiquer au printemps dernier (1849) M. A. Dallière, horticulteur à Ledeberg, lez-Gand, individu dont nous nous sommes empressés de figurer ici un rameau fleuri.

Un feuillage particulièrement ample, une grande fleur, formée de pétales arrondis ou même oblongs-lancéolés, régulièrement imbriqués et d'une ampleur peu ordinaire, sont des mérites qui la recommandent aux amateurs, ainsi qu'un riche coloris vif.

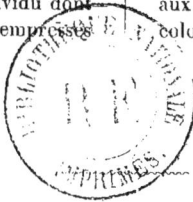

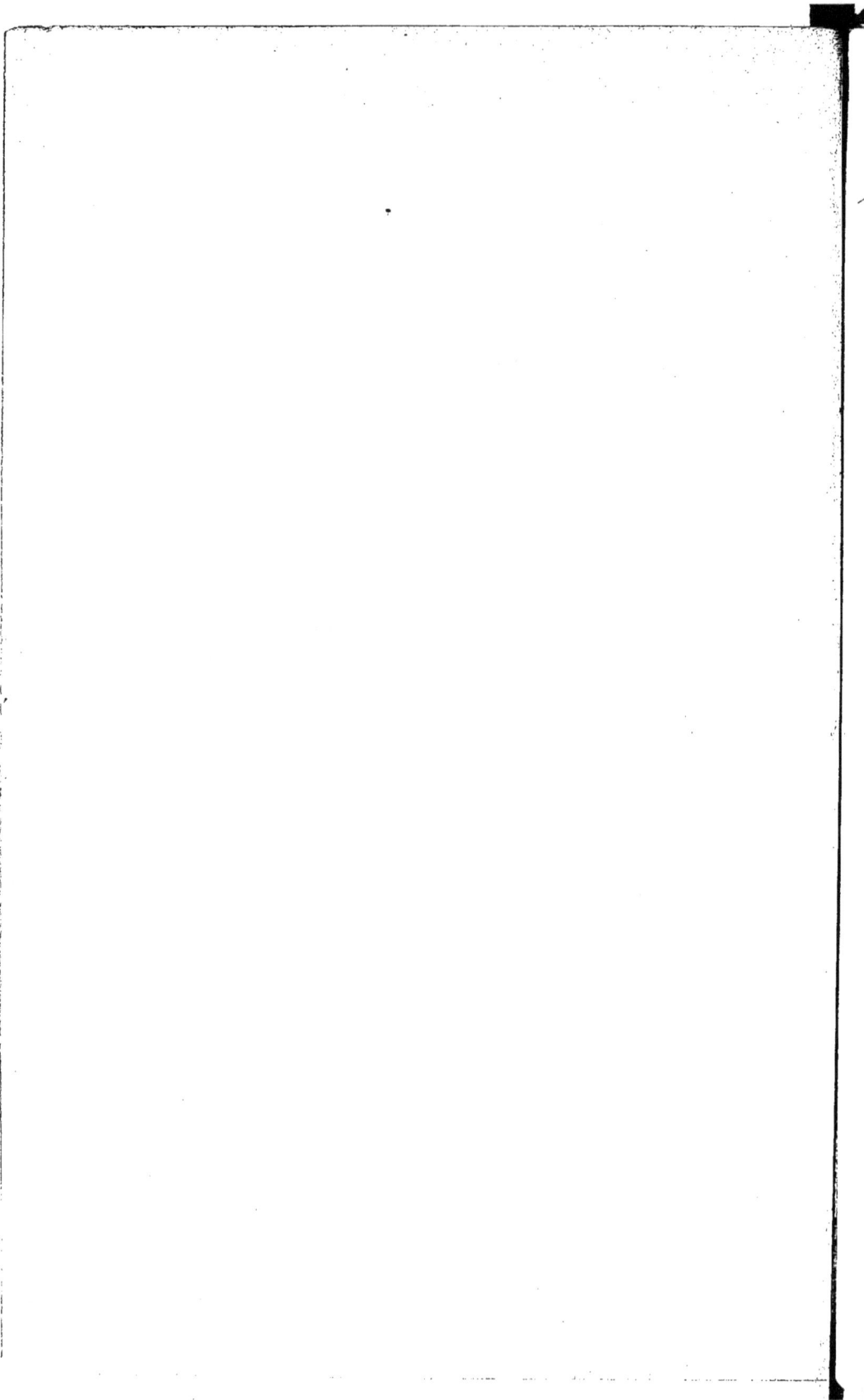

TABLE ALPHABÉTIQUE.

—

ANNÉE 1849.

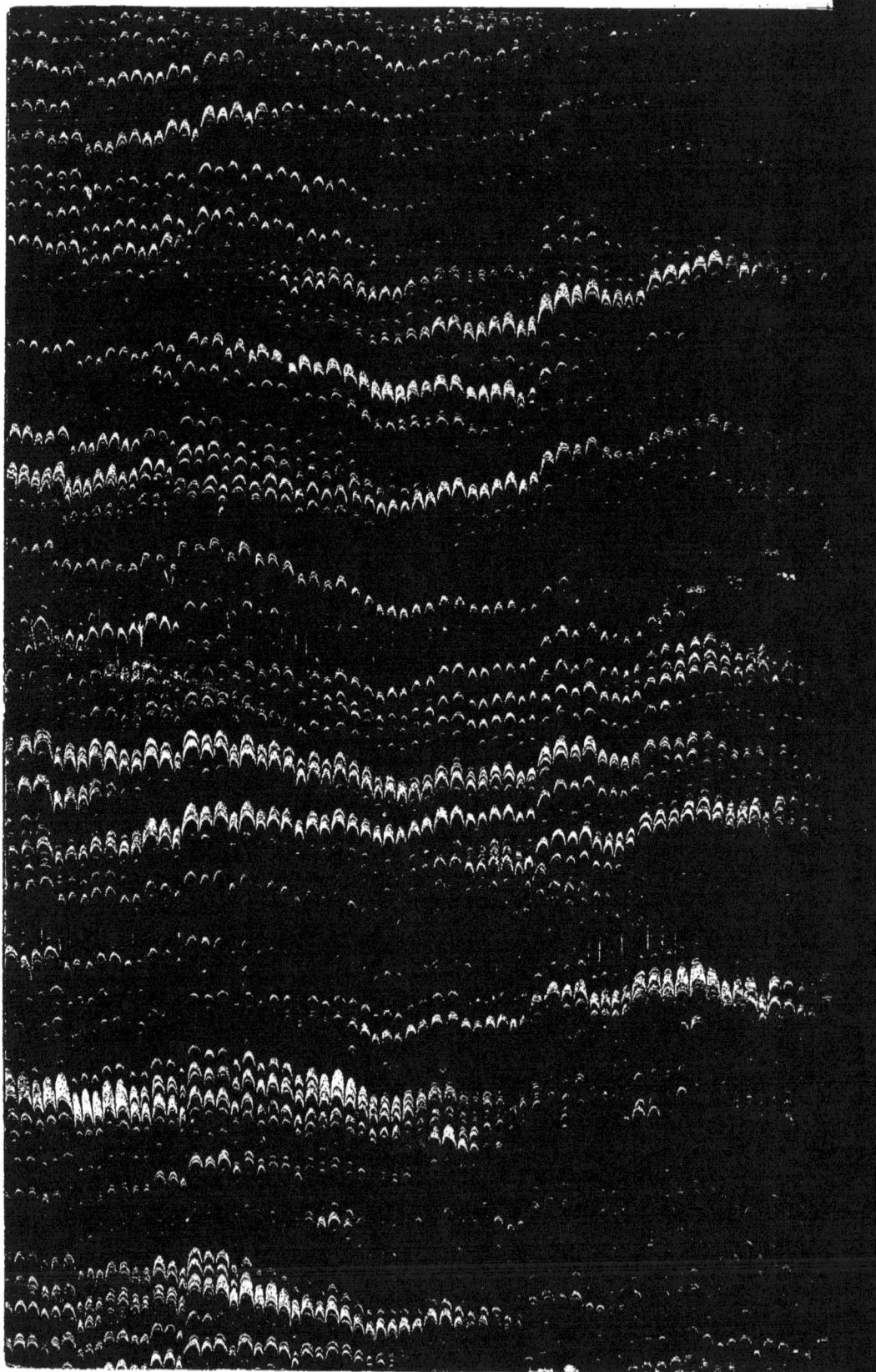

www.ingramcontent.com/pod-product-compliance
Lightning Source LLC
Chambersburg PA
CBHW070238200326
41518CB00010B/1610